¡Mira allí! ¡Jirafas!

1

MARAVILLAS ANIMALES 04

LAS JIRAFAS

KATE RIGGS

CREATIVE EDUCATION | CREATIVE PAPERBACKS

¡MANTENTE ERGUIDA! ESO ES LO QUE DICEN LAS JIRAFAS.

índice

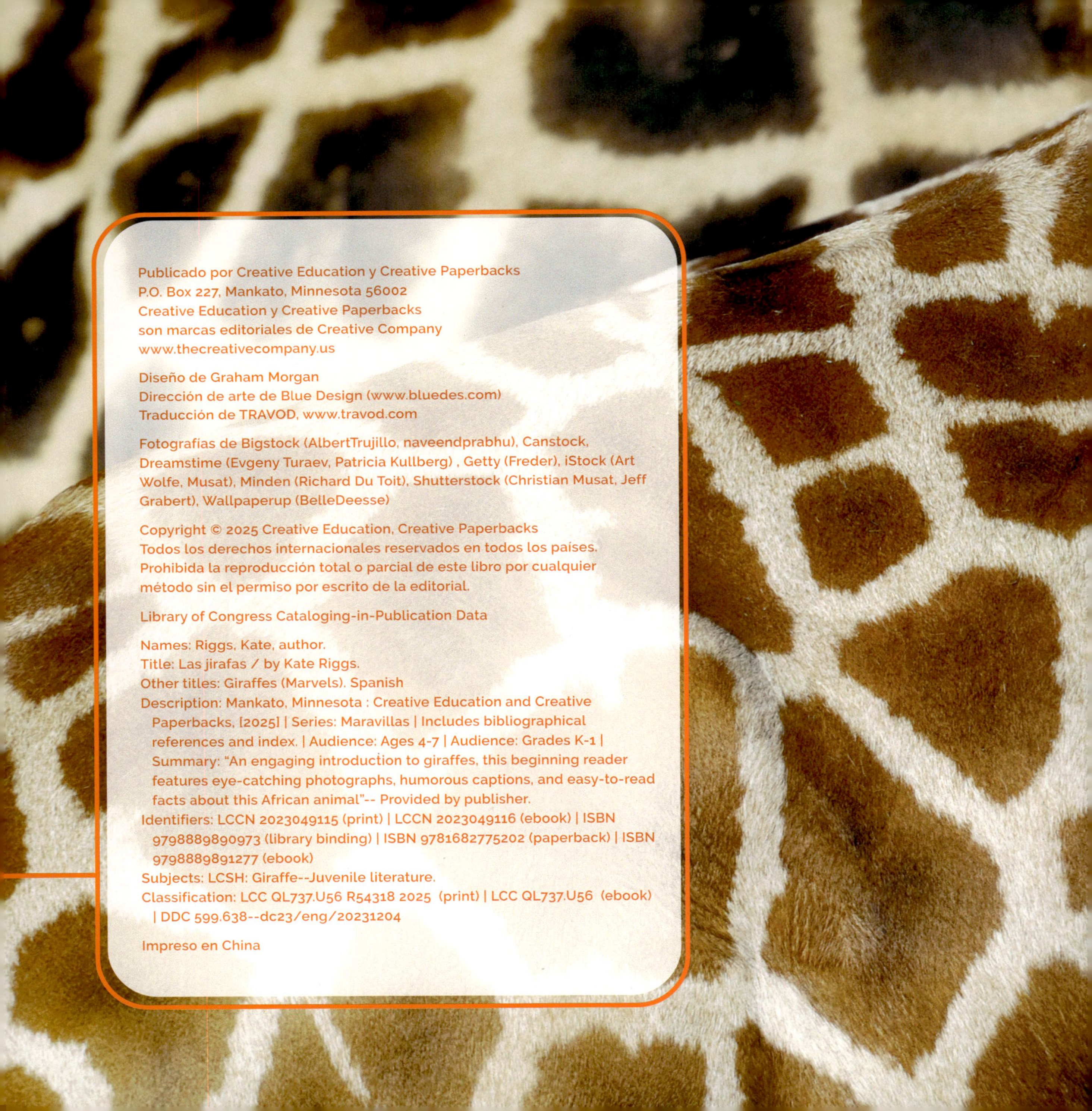

Publicado por Creative Education y Creative Paperbacks
P.O. Box 227, Mankato, Minnesota 56002
Creative Education y Creative Paperbacks
son marcas editoriales de Creative Company
www.thecreativecompany.us

Diseño de Graham Morgan
Dirección de arte de Blue Design (www.bluedes.com)
Traducción de TRAVOD, www.travod.com

Fotografías de Bigstock (AlbertTrujillo, naveendprabhu), Canstock, Dreamstime (Evgeny Turaev, Patricia Kullberg) , Getty (Freder), iStock (Art Wolfe, Musat), Minden (Richard Du Toit), Shutterstock (Christian Musat, Jeff Grabert), Wallpaperup (BelleDeesse)

Library of Congress Cataloging-in-Publication Data

Names: Riggs, Kate, author.
Title: Las jirafas / by Kate Riggs.
Other titles: Giraffes (Marvels). Spanish
Description: Mankato, Minnesota : Creative Education and Creative Paperbacks, [2025] | Series: Maravillas | Includes bibliographical references and index. | Audience: Ages 4-7 | Audience: Grades K-1 | Summary: "An engaging introduction to giraffes, this beginning reader features eye-catching photographs, humorous captions, and easy-to-read facts about this African animal"-- Provided by publisher.
Identifiers: LCCN 2023049115 (print) | LCCN 2023049116 (ebook) | ISBN 9798889890973 (library binding) | ISBN 9781682775202 (paperback) | ISBN 9798889891277 (ebook)
Subjects: LCSH: Giraffe--Juvenile literature.
Classification: LCC QL737.U56 R54318 2025 (print) | LCC QL737.U56 (ebook) | DDC 599.638--dc23/eng/20231204

Impreso en China

Las jirafas son animales altos. Viven en **África**.

¡VAMOS CORRIENDO
CUELLO A CUELLO!

Las jirafas tienen el cuello largo. También tienen patas largas. Las jirafas pueden correr muy rápido.

El pelaje de la jirafa es amarillo o blanco. Tiene manchas marrones. Las jirafas tienen protuberancias en la cabeza, que se llaman **cuernos**.

¡CUELLO LARGO, PELAJE CORTO!

Las jirafas comen plantas. Usan sus cuellos largos para llegar a las hojas de árboles altos.

SABE MEJOR EN LA CIMA.

TE ADMIRO.

Una jirafa bebé es una cría. Una cría vive con otras jirafas en una **manada**.

Las jirafas pueden dormir de pie. No necesitan dormir mucho. Pasan la mayor parte del tiempo comiendo.

¡Adiós, jirafas!

[Imagina una jirafa]

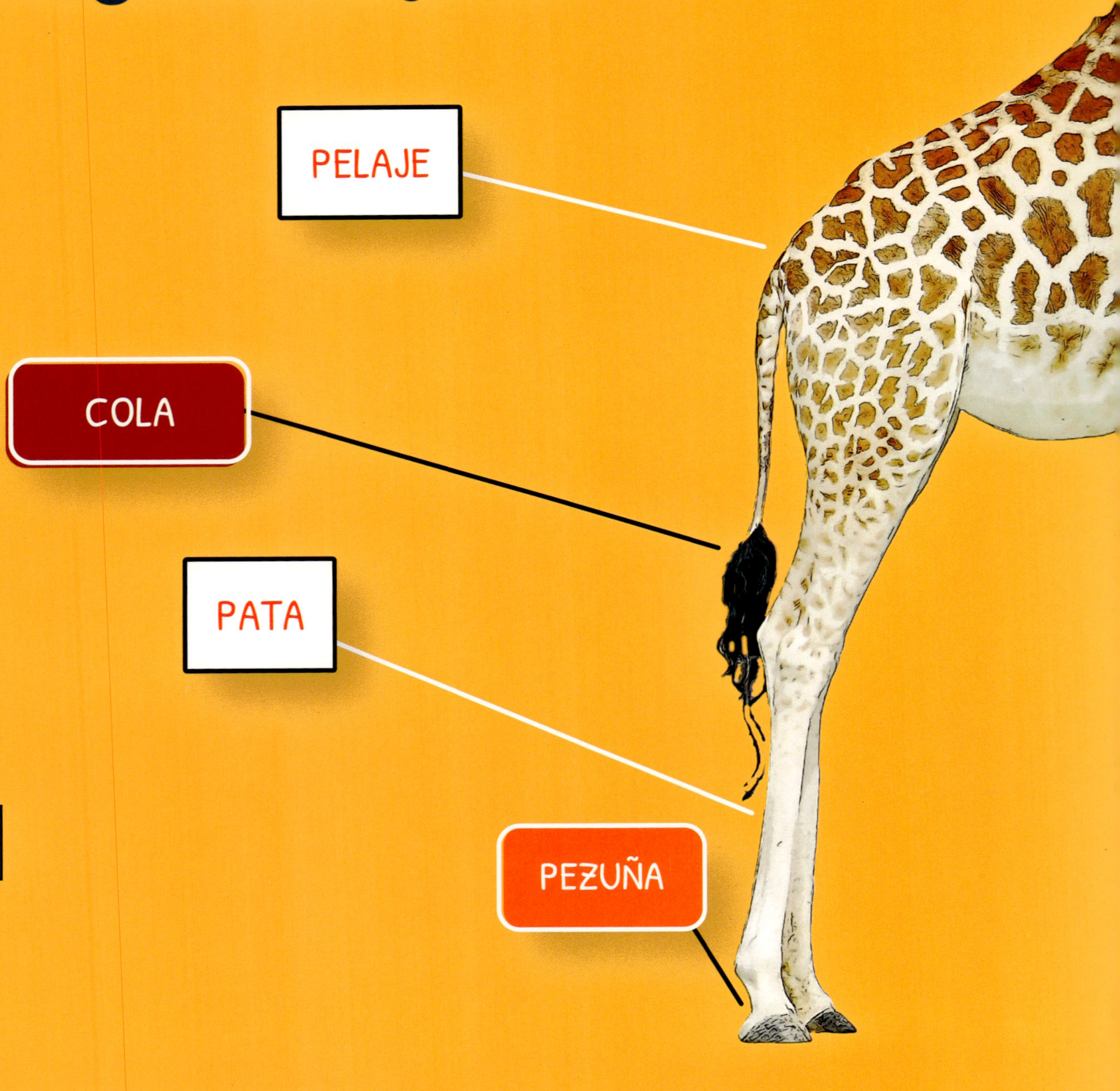

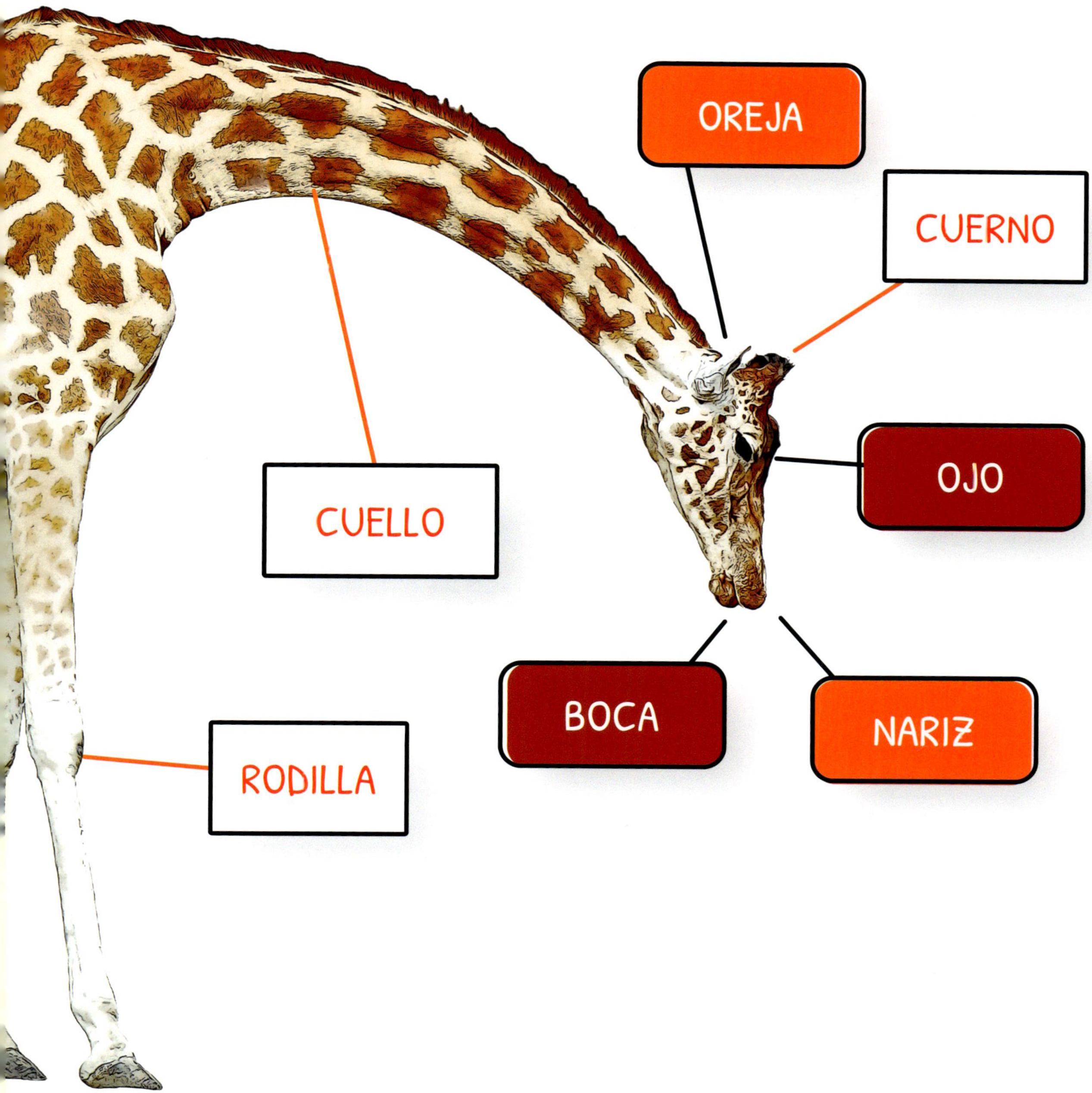
OREJA
CUERNO
CUELLO
OJO
BOCA
NARIZ
RODILLA

PALABRAS QUE DEBES CONOCER

África: la segunda masa continental más grande del mundo

cuerno: una parte huesuda que sale del cráneo, cubierta con piel peluda

manada: un grupo grande de animales que viven juntos

23

ÍNDICE ALFABÉTICO